AF326381

« Le chien, c'est votre ami. » (P. 10.)

MANUEL

sur

LA RAGE

SOUS FORME DE LECTURES

Spécialement destiné aux Enfants des Ecoles

PAR

E. WARNESSON

Vétérinaire départemental; Inspecteur du service des épizooties;
Membre du Conseil central d'hygiène de Seine-et-Oise.

PARIS

LIBRAIRIE LÉOPOLD CERF

13, RUE DE MÉDICIS, 13

—

1882

A Monsieur le Préfet de Seine-et-Oise.

Monsieur le Préfet,

Le département de Seine-et-Oise est un des plus éprouvés par les accidents dus aux chiens enragés.

Les mesures de police municipale, les rappels à l'exécution des règlements sont impuissants.

L'ignorance des symptômes précurseurs de la rage canine, les erreurs, les préjugés répandus dans le public, sont cause d'épouvantables malheurs.

Le Conseil central d'hygiène a pensé qu'en mettant entre les mains des élèves de nos écoles un exposé précis, intéressant, clairement écrit, des symptômes qui précèdent la période dangereuse de cette maladie, on rendrait aux populations un immense service.

Il a chargé M. Warnesson, vétérinaire-inspecteur du département, de rédiger un manuel très abrégé, sous forme de quelques lectures qui intéresseront les jeunes enfants, tout en donnant aux instituteurs et aux parents des notions précises sur le développement de la rage.

Nous avons l'honneur de vous adresser cet excellent travail en vous priant de vouloir bien le transmettre à M. le Ministre de l'Instruction publique qui, nous en avons la conviction, voudra le mettre dans la bibliothèque de nos écoles primaires.

Veuillez agréer, monsieur le Préfet, l'assurance de nos sentiments dévoués,

Pour le Conseil d'hygiène :

Le vice-président,

E. RABOT,

docteur ès sciences.

Extrait du Rapport annuel de M. Warnesson sur les maladies contagieuses ayant sévi en Seine-et-Oise en 1881 :

« Quoi qu'il en soit, ce tableau est loin d'être gai ni rassu-
» rant. La fréquence des accidents rabiques dans nos parages
» constitue un état de choses dangereux contre lequel il faut
» réagir énergiquement : nous ne cessons de le demander.
» Par quels moyens? L'observance rigoureuse des règlements
» relatifs à la police des chiens? Oui, d'abord ; mais cela ne
» suffit pas.
» Vulgariser, par voie d'affiches ou de publications, la con-
» naissance des symptômes précurseurs de la rage? Peine per-
» due : le public ne les lira pas, il a autre chose à faire ; on ne
» s'intéresse à cela, dans le public, que lorsqu'on se trouve
» mordu ; il est bien temps, alors !
» Pour atteindre le but, c'est aux écoliers qu'il faut s'adresser ;
» c'est dans la mémoire des enfants qu'il faut graver ces con-
» naissances. Rien de plus simple qu'un petit Manuel à la
» portée du maître et des élèves ; ils s'y intéresseront, ce n'est
» pas douteux, et cela leur servira par la suite de sauvegarde,
» non seulement pour eux, mais pour les autres. Inculquer à
» tous, quand il en est encore temps, la notion des symptômes
» par lesquels un chien annonce qu'il va devenir enragé :
» Voilà le meilleur préservatif de la rage... »

A M. Henri BOULEY

MEMBRE DE L'INSTITUT

COMMANDEUR DE LA LÉGION D'HONNEUR
PROFESSEUR DE PATHOLOGIE COMPARÉE AU MUSÉUM
INSPECTEUR GÉNÉRAL DES ÉCOLES VÉTÉRINAIRES

Un récit de cette nature ne saurait se recommander d'un patronage plus autorisé que le vôtre. Permettez-moi donc, cher Maître, de vous dédier ces quelques pages, non pour elles-mêmes, mais en considération du but essentiellement humanitaire qu'elles se proposent d'atteindre.

E. WARNESSON.

Versailles, 25 avril 1882.

Paris, le 23 juillet 1882.

Mon cher Warnesson,

Votre petit livre est inspiré par une idée juste, et vous y parlez le langage qui convient pour la faire pénétrer dans de jeunes esprits.

Je vous remercie de m'avoir associé à votre bonne œuvre par votre dédicace.

A vous affectueusement,

H. BOULEY.

MANUEL

SUR

LA RAGE

> Le jour où chacun pourra reconnaitre que son chien est sous le coup de la rage et l'enfermer à temps, on ne rencontrera plus de chiens enragés dans la rue, il n'y aura plus d'enfants mordus, et l'on n'entendra plus parler de personnes mortes de la rage.

AUX ÉCOLIERS

Mes jeunes amis,

Vous aimez bien les animaux. Vous les aimez parce que vous êtes jeunes, qu'à votre âge on a bon cœur, et que quand on a bon cœur on ne peut se défendre d'un certain sentiment de pitié pour ces pauvres déshérités de la nature, qui éprouvent les mêmes besoins que nous, ressentent les mêmes impressions, et n'ont pas

1.

comme nous le don de la parole pour exprimer leurs joies ou leurs peines, leur bien-être ou leurs souffrances.

Vous aimez les animaux en général, parce que comme vous ils sont bons, exempts de mauvais instincts ; parce qu'ils s'attachent à nous, nous servent, nous consacrent leur vie, et nous sont utiles, pour la plupart, jusque dans la mort. Mais vous aimez surtout les chiens.

Le chien, c'est votre ami.

Lorsque vous étiez tout petit, il léchait vos pieds nus et gardait votre berceau. Un peu plus tard, il prenait part à vos premiers ébats et devenait votre compagnon de jeu. Ensemble vous vous rouliez sur le tapis, sur l'herbe verte, voire même dans le ruisseau, mordant à tour de rôle dans la même tartine ; vous n'y regardiez pas de si près, à cette époque ! Vous l'avez bien souvent tiré par la queue ; bien souvent vous êtes monté à cheval sur son dos et avez dû vous raccrocher à ses oreilles pour ne pas vous cogner trop fort sur le pavé. Il n'est pas de taquineries, pas de petites misères que vous ne lui ayez faites : la bonne bête a tout accepté, tout enduré, s'est prêtée à tous vos caprices et à toutes vos fantaisies d'enfant, sans jamais protester, même par un grondement. Alors que vous lui auriez fait mal — cela a bien dû arriver quelquefois — il n'aurait eu pour vous que ses coups de langue et ses plus affectueuses caresses.

Aujourd'hui que vous avez grandi, vous êtes devenus tous deux plus sérieux ; vous ne vous roulez plus dans la boue, mais vous n'en êtes pas moins bons camarades. Votre chien vous accompagne jusqu'à la porte de l'école ; il vous suit lorsque, après la classe, vous allez faire les commissions ; on dirait qu'il comprend les charges naissantes qui vous incombent et qu'il y prend part ; pour un peu, il vous aiderait à apprendre vos leçons ; il veille sur vous et saurait vous défendre si quelque méchant garçon voulait vous faire mal : avant de toucher à un cheveu de votre tête blonde ou brune, il faudrait commencer par avoir affaire à lui, et il ferait vaillamment son devoir, n'en doutez pas.

Et plus tard encore, quand vous aurez atteint l'âge mûr, quand vous serez devenu homme, il sera le compagnon de vos travaux, le gardien vigilant de votre maison ; ce ne sera probablement plus le même chien, mais ce sera toujours le même ami, fidèle et dévoué jusqu'à la mort.

Oui, c'est un brave animal que le chien, et vous avez bien raison, enfants, de lui rendre un peu de l'affection qu'il vous porte.

Que ne puis-je, jeunes écoliers, vous laisser sous l'impression de cette première page. Hélas ! c'est une loi fatale que toujours, ici-bas, le mal se trouve à côté du bien ; toute médaille a son revers, et après vous avoir présenté le chien sous son beau côté, le seul que vous connaissiez, il me faut maintenant vous en faire voir le côté dangereux.

Pourquoi faut-il que ce bon animal soit sujet à cette épouvantable maladie qu'on appelle la rage, et qu'il jouisse, en étant atteint, du triste privilège de pouvoir la transmettre, non seulement aux animaux, mais aux personnes de tout âge, à celle-là même quelquefois qu'il affectionne le plus !

Oui, enfants, ce chien qui est aujourd'hui votre meilleur ami, pourrait dans quelques jours devenir pour vous un ennemi mortel ; entendons-nous : je ne veux pas dire par là qu'il cesserait de vous aimer ni qu'il vous ferait volontairement du mal, non ; mais sous l'empire de la rage, et par le fait d'imprudences qui sont de votre âge, il pourrait vous mordre inconsciemment ; et ne fît-il même que lécher vos lèvres, votre visage, vos mains gercées, souvent écorchées par le jeu, il pourrait vous transmettre son mal ; les caresses, les coups de langue, en pareil cas, ne sont guère moins à craindre que les coups de dents : dans la rage, en effet, c'est la salive qui est virulente et qui transmet la maladie, pénétrez-vous bien de ce fait, et la langue est imprégnée de salive tout autant que les dents, vous ne l'ignorez pas.

Mourir enragé, non pas étouffé entre deux matelas ou saigné aux veines dans un bain chaud, comme vous avez pu l'entendre dire — vous ne devez plus croire à ces contes d'antan — mourir des étreintes mêmes de l'horrible mal, au milieu d'atroces souffrances, objet de crainte et d'horreur pour tous, quoi de plus affreux ! Quelle sombre perspective ! Cela ne vous donne-t-il pas le frisson, rien que d'y penser ? Cela ne vous inspire-t-il pas une crainte salutaire et ne fait-il pas naître en vous le désir de pouvoir reconnaître qu'un chien est, ou va devenir enragé, afin de pouvoir vous garer de ses morsures, en préserver votre mère, vos petites sœurs, vos petits camarades, tout le monde enfin ? Je suis sûr que si.

Eh bien ! lisez attentivement ce qui suit et gravez-le dans votre mémoire ; ce sera votre talisman.

La rage ne se déclare pas subitement. Quand vous entendrez raconter qu'un chien qui avait bien mangé et qui était bien gai quelques instants auparavant a été pris tout à coup, au jeu ou à la promenade, d'un accès de rage, soyez convaincu que ce soi-disant accès n'était autre chose qu'une simple crise nerveuse, une attaque épileptiforme n'ayant rien de commun avec la rage. Jamais, au grand jamais, entendez bien, un chien n'est devenu enragé de cette façon. Toujours l'état rabique est précédé d'une période transitoire de deux ou trois jours, pendant laquelle l'animal, sans être encore enragé ni agressif, n'est plus dans son état normal et présente déjà des symptômes qui ne peuvent passer inaperçus, symptômes dont la signification ne saurait être douteuse une fois qu'on en est prévenu : c'est pour cela qu'avec un peu d'attention et de bon vouloir chacun peut *voir*, pour ainsi dire, son chien devenir enragé ; c'est pour cela qu'avec un peu de prévoyance chacun peut se mettre en garde contre un danger qui ne vous prend jamais à l'improviste, mais qu'on voit au contraire s'approcher en quelque sorte pas à pas.

Voici comment procède la maladie :

Le chien qui va devenir enragé commence par perdre l'appétit ; il ne touche plus à sa pâtée que du bout des dents d'abord, pour bientôt s'en éloigner et n'y plus vouloir toucher du tout. Si vous lui donnez un os, il le prendra nonchalamment, ira le déposer dans un coin, le flairera un peu, puis l'abandonnera sans le ronger. De même de la viande, des gâteaux, des friandises : c'est un dégoût général de tout ce qui est aliment.

En même temps, l'animal devient morose ; il ne saute plus autour de vous, frétillant de la queue et poussant de petits cris joyeux, ayant l'air de vous demander une caresse et de vous convier au jeu ; son entrain habituel semble l'avoir quitté. L'appelez-vous, le provoquez-vous à venir reprendre avec vous la partie interrompue la veille ? Il baissera les oreilles, remuera un peu la queue, lentement, faiblement, vous regardera longuement d'un œil triste, mais ne répondra pas à vos avances : il vous dit non à sa manière.

Jusque-là, rien encore de bien caractéristique pour vous ; vous voyez bien que votre chien ressent un malaise, qu'il est indisposé, mais c'est tout. Attendez : nous ne sommes qu'au premier jour ; demain, la chose va commencer à se dessiner.

———————

L'animal devient sombre. Il se retire au fond de la grange, du hangar ; se cache derrière les bottes de paille ou le tas de bûches. Il recherche les endroits obscurs, les coins les plus retirés ; se fourre sous les meubles et y reste des heures entières sans donner signe de vie. S'il y a d'autres animaux dans la maison, des chats, des chiens, il s'en éloigne, les évite. Il n'obéit que peu ou point à la voix du maître qui l'appelle ; s'il s'en approche, il le fait timidement et comme à regret ; puis, retourne aussitôt se cacher dans un autre endroit, d'où il ne sort, de loin en loin, que pour aller à la mare, au baquet ou à sa sébille, lapper quelques gorgées d'eau. Ne comptez pas, par exemple, qu'il prenne du lait ou du bouillon ; l'eau fraîche seule lui plaît ; les aliments, il ne peut plus les voir et s'en éloigne avec répulsion.

Ainsi se passe la seconde journée de l'invasion de la rage, toute dans une tristesse sombre et un irrésistible besoin de se tenir à l'écart, mais sans aucune tendance agressive encore, ni pour l'homme, ni pour les animaux.

Le troisième jour, la scène change. A la tristesse de la veille vient s'ajouter l'agitation — une agitation inquiète — en même temps qu'apparaissent de nouveaux symptômes de mauvais augure. Le chien change à chaque instant de place ; il va d'une cachette à une autre, s'arrêtant en route pour lécher un mur, un morceau de bois, le pavé, le plancher ; ramassant quelques brins de paille, un morceau de corde ou de vieux cuir, une loque, un objet quelconque enfin, qu'il emporte à la gueule dans un coin ou dans sa niche, non en jouant, mais gravement, mû par un besoin manifeste. S'il est attaché, c'est sa chaîne, ce sont les parois de sa niche qu'il lèchera ; de temps à autre vous le verrez sortir de celle-

« Vous le verrez aller droit au premier chien qu'il rencontrera, et sans hésitation, sans préambule, sans considération de taille ni de sexe, se jeter sur lui et chercher à le mordre, toujours du côté de la tête. » (P. 21.)

2.

ci et aller lentement chercher, aussi loin que sa chaîne lui permettra d'atteindre, un bout de bois ou d'autre chose qu'il aura aperçu, et qu'il se mettra à lécher d'abord, puis à mordiller. Se couche-t-il comme pour dormir ? bientôt il se relève, tourne dans sa niche, remue sa paille des pattes et du nez, et se recouche d'un autre côté ; il ne reste jamais longtemps dans la même position ; il est obsédé par un continuel besoin de mouvement. Tout à l'heure vous le surprendrez à mordiller le bord de sa niche, ou à ronger le plâtre du mur ; et une fois qu'il y aura mis la dent, vous l'y verrez revenir à chaque instant ; la brèche s'agrandira rapidement. Est-il enfermé dans l'écurie ? C'est aux harnais ou aux couvertures qu'il s'en prendra ; il défoncera les panneaux des colliers et des sellettes, en éparpillera la bourre, déchirera les couvertures, en traînera les morceaux dans tous les coins, et, fait bizarre, lui qui ne veut plus voir d'aliments, il avalera bientôt des fragments de tout cela : brindilles de paille ou de bois, plâtras, terre, gravier, étoupe, crins, morceaux de couvertures même, tout lui sera bon : de là, parfois, des nausées et des efforts de vomissement. Se trouve-t-il dans un appartement ? Les mêmes faits se produiront. Ce seront alors les tapis, les bords des rideaux, les franges des fauteuils, les pantoufles qu'on aura oubliées dans un coin, qu'il s'amusera à lécher d'abord, à déchiqueter ensuite. Et au milieu de tout cela, le chien continue à boire.

———————

Oui, il boit, ce chien qui est en train de devenir enragé. Il buvait hier, il boit aujourd'hui, il boira demain, alors que la maladie sera tout à fait déclarée, et il boira ainsi ou cherchera à boire jusqu'à la fin, c'est-à-dire tant qu'il lui restera la force et la possibilité de boire. Cela vous étonne, parce que c'est en contradiction avec ce que vous avez toujours entendu dire ; parce que cela va à l'encontre de ce vieux préjugé qu'un chien enragé *a horreur de l'eau et ne boit point,* préjugé qui, à l'instar de l'*écume à la gueule et de la queue entre les jambes,* se trouve si profondément ancré dans le public, qu'on a toutes les peines du monde à l'en déraciner. De combien de malheurs n'a-t-elle pas été cause, cette fatale erreur ! Combien de gens, qui se figuraient que leur chien n'était pas enragé parce qu'il buvait, en ont été victimes !

C'est par quelques centaines, enfants, que j'ai été à même de voir et d'observer des chiens enragés ; je n'en ai pas rencontré un seul qui ne bût pas, qui ne se jetât pas avec empressement sur l'eau fraîche qu'on lui présentait, venant le plus souvent la lapper jusqu'au goulot même de la bouteille qui la lui versait à travers les barreaux de sa cage. Le chien enragé boit : soyez bien pénétrés de cette vérité et qu'elle ne vous sorte pas de l'esprit.

Mais un autre symptôme va se manifester. L'animal, qui, dans ces deux derniers jours, avait négligé ses fonctions de gardien, va tout à coup se mettre à aboyer, sans raison apparente, en faisant parfois le simulacre de s'élancer en l'air à la rencontre d'un objet qu'il semblerait voir ; ou bien, fiché sur ses quatre pattes, immobile, l'œil et l'oreille au guet, il paraît fixer attentivement quelque chose qui l'étonne ou écouter un bruit dont il cherche à se rendre compte. Toujours est-il que vous serez frappés par le changement de sa voix, qui vous paraîtra enrouée, et instinctivement, vous vous trouverez portés à vous assurer que c'est bien votre chien qui aboie. Vous vous en approcherez. Il fixera sur vous un regard triste et inquiet ; l'éclat fiévreux de ses yeux vous frappera. Il est possible qu'à ce moment il soit pris pour vous d'un redoublement de tendresse démonstrative ; il sautera après vous, vous couvrira de caresses et de coups de langue : hélas ! c'est un dernier adieu que dans son instinct inconscient — est-ce bien le mot ? — la pauvre bête vous adresse ; c'est une éclaircie dans les nuages, c'est le pâle et fugitif rayon de soleil qui précède l'orage ! Eloignez-vous, enfants, demain il serait trop tard.

Nous arrivons au quatrième jour, à quelques heures près. Les symptômes que nous venons de relater se sont déroulés dans l'ordre indiqué, un peu plus vite, un peu plus lentement, suivant les sujets. Le mal a poursuivi son œuvre : le chien est maintenant enragé. Dès la veille s'il en a trouvé jour, ou le matin à la première heure, il se sera échappé, il aura quitté le logis. Où va-t-il ? Droit devant lui, à l'aventure. Quel instinct le pousse ? Le besoin de marcher, d'abord ; peut-être aussi la prescience du danger qu'aurait son voisinage pour ceux qu'il aime. Il part, indifférent à ce qui se passe le long du chemin et ne s'amusant pas aux tas d'ordures ; à le voir ainsi passer, trottinant, on dirait que sa course a un objectif, un but déterminé. Suivant le degré auquel est arrivée la maladie, il parcourra ainsi un trajet plus ou moins long avant d'appeler sur lui l'attention ; puis un premier accès survenant, vous le verrez aller droit au premier chien qu'il rencontrera, et sans hésitation, sans préambule, sans considération de taille ni de *sexe*, se jeter sur lui et chercher à le mordre, *toujours du côté de la tête*. Après deux ou trois coups de dents vigou-reusement donnés, il quitte cette première victime et reprend sa course. Aperçoit-il un autre chien ? Même manège, même tactique, attaquant toujours d'emblée, toujours sautant au cou ou à la tête du malheureux, *brutalement, sournoisement, sans gronder ni aboyer*, sans prévenir d'aucune manière. Après ce deuxième exploit, un troisième, un quatrième, et ainsi de suite. Autant de chiens, autant de victimes. Il les poursuit au besoin jusque dans les cours et l'intérieur des maisons, n'épargnant aucun de ceux qu'il peut joindre. J'ai vu des chiens enragés mordre ainsi plus de trente chiens en moins d'un quart d'heure. Les chats, s'il s'en trouve à sa portée, ne seront pas plus épargnés que les chiens ; mais plus lestes que ces derniers, ils se laissent moins facilement atteindre. A défaut de chiens et de chats, il courra après les volailles ou les chèvres qui paissent le long de la route, sautera au nez des bœufs ou des chevaux qu'il pourra rencontrer et leur infligera de cruelles morsures. Puis ce sera le tour des enfants, jouant sur le pas des portes ou s'en revenant de l'école ; et si c'est un chien naturellement méchant à l'homme, il s'attaquera même aux grandes personnes.

Que va-t-il advenir de ce dangereux animal ? Mis en éveil par ses allures étranges, par ses méfaits, on se mettra à sa poursuite, et le plus souvent, il sera assommé au coin d'une rue ou tué d'un coup de fusil au détour d'une haie. Fait significatif : il ne criera généralement pas en recevant le coup de la mort ; le chien enragé est muet sous la douleur et les corrections semblent le laisser indifférent. Si malheureusement il parvient à s'échapper, il ira plus loin porter ses morsures avec le germe de son mal ; ainsi de localité en localité, jusqu'à ce que épuisé par la maladie, gagné par la paralysie progressive, qui est la terminaison habituelle de la rage, il se couche derrière un tas de pierres, au bord d'un fossé, au milieu d'un champ ou à la lisière d'un bois, n'ayant plus la force que de faire entendre de temps en temps une plainte rauque et étranglée : c'est là qu'il expirera et qu'on retrouvera son cadavre quelques jours plus tard.

Mais il pourra se faire aussi qu'au bout de 36 ou 48 heures, après avoir parcouru plusieurs lieues, il se trouve pris du désir soudain de revoir ses maîtres et revienne sur ses pas. Il rentre à la maison. Moment critique ! On le croyait perdu, il reparaît tout à coup. Quelle joie, pour les enfants surtout ! On s'empresse autour de lui ; il est crotté, éreinté, a un aspect misérable. « Pauvre bête, d'où viens-tu ? » Et c'est à qui le flattera, le fera monter sur ses genoux, lui présentera à boire et à manger. Il rendra d'abord caresses pour caresses ; puis à un moment donné, dominé par la maladie, poussé par son insatiable besoin de mordre, il percera de ses crocs la petite main tendue sur sa tête où les jeunes lèvres qui s'avançaient pour l'embrasser. En même temps, poussant un hurlement

« Vous le verrez alors saisir à pleine gueule les barreaux de sa niche et les mordre furieusement, en les secouant de toute sa force. » (P. 26).

qui vous glacera d'effroi, il s'élancera vers la porte, se jettera sur les chats et les autres chiens de la maison, ses camarades d'hier, et de nouveau cherchera à s'échapper. La vérité, la triste vérité alors se fera subitement jour dans votre esprit, dans l'esprit des témoins de cette scène, et le chien sera abattu. Trop tard, hélas !

Méfiez-vous toujours d'un chien qui rentre ainsi au logis après deux ou trois jours d'une absence non motivée.

Avant d'en arriver à l'une ou l'autre de ces fins, combien d'accidents n'aura pas occasionnés ce chien enragé ? Quels redoutables malheurs en perspective si des enfants, si des pères de famille, si des personnes quelconques ont été mordues ! Et quelle grave responsabilité morale et effective pour le propriétaire de l'animal, qui n'a pas su l'enfermer à temps : car, sachez-le bien, chacun est responsable des actes de son chien, alors même qu'il est enragé.

Cette lourde responsabilité, vous saurez désormais l'éviter, vous qui aurez lu attentivement ces lignes ; vous n'aurez pas à vous reprocher toute votre vie la mort de quelqu'un, la désolation et le malheur d'une famille ; car tenant compte des notions acquises, lorsque votre chien arrivera à la période d'état de la rage, c'est-à-dire lorsqu'il commencera à vouloir mordre, il y aura déjà au moins deux jours qu'il sera enchaîné et qu'on n'en approchera plus qu'avec circonspection.

Vous l'aurez mis à la chaîne, ou mieux encore, vous l'aurez enfermé dans une niche solide. Point d'accidents à craindre par conséquent. Mais pourrez-vous, dès lors, reconnaître que votre chien est réellement enragé ? Oui, bien facilement. N'ayant pas la faculté de se jeter sur les animaux ni sur le monde, le chien n'en éprouvera pas moins des accès de rage. Vous le verrez alors saisir à pleine gueule sa chaîne, les bords ou les barreaux de sa niche et les mordre furieusement, en les secouant de toute sa force, et cela, toujours à la sourdine, sans rien dire, absolument comme lorsqu'il mord d'autres chiens. Dans ces moments-là, il se jettera sur le bâton que vous lui présenterez ; il mordra même sur une barre de fer — fût-elle rougie au feu — au risque de s'éclater les dents et de se brûler la gueule. Il déchiquettera sa litière, l'amoncellera sous son ventre avec ses pattes antérieures ; puis, cela fait, il relèvera la tête, aspirera fortement l'air comme s'il éprouvait de la difficulté à respirer, et le chassera ensuite par un brusque effort, en faisant entendre un bruit particulier dans la gorge. Puis encore, à de fréquents intervalles, il voudra aboyer ; et la voix, étranglée dans son gosier, rendra un son étrange, produisant une sorte de hurlement spécial à la rage. Ce hurlement est la caractéristique, la pierre de touche, dirai-je, de la maladie ; il n'a rien de commun avec l'aboiement ordinaire, pas plus qu'avec ce hurlement prolongé et plaintif que font parfois entendre les chiens de garde pendant les longues nuits d'hiver ; quand vous l'aurez entendu une fois, vous ne l'oublierez plus, et si vous avez l'oreille fine, vous pourrez reconnaître sûrement, rien qu'à son cri, la présence d'un chien enragé dans le voisinage.

Il y aura quelques courts moments d'accalmie relative, pendant lesquels l'animal se couchera comme pour dormir ; puis réveillé en sursaut, il dressera les oreilles et semblera écouter un bruit imaginaire ; ou bien il s'élancera en l'air, la gueule ouverte, comme pour happer au passage une mouche fictive : hallucinations et délire, conséquence de la maladie. Si vous vous en approchez, vous, son maître, et que vous lui parliez, il vous reconnaîtra ; votre vue le calmera momentanément ; il frétillera de la queue et cherchera à vous caresser : ne vous y fiez pas, car le mal pourrait être plus fort que sa volonté. A ce moment-là, vous serez frappé du changement de physionomie de votre chien. Ses traits vous paraîtront crispés, les yeux seront enfoncés dans l'orbite, et l'expression du regard, d'habitude si franche et si bonne, aura revêtu quelque chose de farouche.

Cet état durera deux jours environ, trois tout au plus ; puis le malade s'affaiblira, la paralysie surviendra, et la mort suivra dans les vingt-quatre heures. Un chien enragé ne vit jamais plus de quatre à cinq jours.

La rage du chien se présente quelquefois sous une forme un peu différente : il est essentiel que vous en soyez prévenus.

Après 24 ou 48 heures d'inappétence, de tristesse inquiète, de tendance à lécher et à se passer les pattes de chaque côté de la tête, comme pour se débarrasser d'une sensation incommode, vous remarquerez tout à coup que votre chien a la gueule légèrement entr'ouverte et qu'il ne peut plus la fermer. Ce symptôme ira rapidement en augmentant ; dès le lendemain, les mâchoires seront tout à fait écartées ; dans leur intervalle apparaîtra la langue, brunâtre, salie le plus souvent par des fragments de paille ou par de la terre, et la salive s'écoulera en filaments visqueux à chaque coin de la gueule. Le chien cherchera presque constamment à boire ; mais comme il ne peut plus rapprocher les mâchoires, il a toutes les peines imaginables à avaler l'eau, qui retombe de chaque côté au fur et à mesure qu'il la lappe. C'est dans ces moments-là qu'on voit la malheureuse bête, impatientée, plonger son museau dans l'eau jusqu'aux yeux, et le retirer ensuite d'un air désespéré, comprenant qu'il lui est impossible, quoi qu'elle fasse, d'arriver à étancher la soif qui la dévore.

Pris d'un sentiment de pitié bien légitime, vous vous figurerez que votre chien a dans la gueule *un os*, cause de tout ce désordre fonctionnel ; et relevant votre manche, vous introduirez bravement la main jusque dans le gosier de l'animal, afin d'en extraire le corps étranger que vous supposez y résider. Ah ! malheureux, si vous saviez à quoi vous vous exposez ! Si vous saviez combien de gens ont payé de leur vie l'imprudence que vous commettez en ce moment ! Vos doigts ne le ramèneront pas, cet os, car il n'existe que dans votre imagination ; mais prenez garde qu'en s'écorchant après les dents — ce qui équivaudrait à une morsure — ils ne ramènent pour vous le germe de la rage : car ce qu'a votre chien, c'est la rage mue ; la rage mue, c'est-à-dire une variété de la maladie, différant par quelques points de la rage ordinaire, mais étant, au fond, absolument la même, procédant du même virus, occasionnant les mêmes souffrances, et comme elle se terminant toujours et fatalement par la mort.

Dans la rage mue, les accès font généralement défaut ; le chien ne cherche pas à mordre : du reste, la paralysie dont est frappée sa mâchoire inférieure ne lui permettrait guère de le faire. Il aboie moins que dans la rage ordinaire, mais le cri est tout à fait le même. Même agitation d'ailleurs, mêmes hallucinations, même expression frappante de la physionomie et du regard ; même fin aussi, et dans le même laps de temps ; mais surtout, ne l'oubliez pas, *même virulence* de la salive.

Gardez-vous bien, enfants, de jamais introduire les doigts ou la main dans la gorge d'un chien dont la gueule reste entr'ouverte !

———

Ce que je viens de vous dire du chien s'applique également au chat, cet autre familier de la maison, moins intelligent, moins dévoué que le premier, beaucoup moins intéressant surtout, et par contre beaucoup plus traître. Si le chien en état de rage y regarde à deux fois avant de s'attaquer à l'espèce humaine, à ses maîtres surtout, le chat, lui, n'aura aucune espèce de scrupules ni d'hésitation ; il vous sautera à la figure et vous la labourera des dents et des griffes. Le chien enragé n'est que dangereux ; le chat enragé est féroce et terrible. Heureusement que par son genre de vie et son agilité, qui le laissent moins en butte aux morsures des chiens enragés, il est relativement peu sujet à contracter cette redoutable affection ; car — c'est encore une chose que vous ne devez pas ignorer — si la rage est une maladie spéciale et en quelque sorte naturelle aux animaux carnivores, — chiens, chats, loups, renards — elle ne survient, même chez eux, dans l'immense majorité des cas, pour ne pas dire toujours, qu'à la suite de morsures infligées par des animaux enragés. A tel point que si à un moment donné, par une commune entente,

« Les mâchoires seront tout à fait écartées ; dans leur intervalle apparaîtra la langue, brunâtre, salie le plus souvent par des fragments de paille ou par de la terre, et la salive s'écoulera en filaments visqueux à chaque coin de la gueule. » (P. 28).

on prenait la mesure radicale de séquestrer isolément tous les chiens pendant six ou huit mois, délai maximum de la période d'incubation de la rage, c'est-à-dire du temps qui peut s'écouler entre le moment de la morsure et celui de l'éclosion du mal — c'est loin des *neuf jours* traditionnels, comme vous voyez, — on arriverait, sinon à faire disparaître complètement, du moins à réduire à d'infimes proportions cette affreuse maladie.

Mais point n'est besoin de recourir à ce moyen extrême. Que tous ceux d'entre vous qui ont des chiens s'inspirent des enseignements contenus dans les pages qui précèdent, qu'ils surveillent de près leurs animaux, comme on doit le faire, qu'ils les séquestrent au moindre symptôme de nature alarmante, et on arrivera au même résultat.

Votre ligne de conduite est toute tracée.

Vous qui n'avez pas de chien, soyez circonspects avec les chiens des autres. C'est presque toujours en voulant y toucher qu'on se fait mordre par un chien enragé ; on tend la main pour une caresse, on recueille un coup de dent : c'est la règle en pareil cas.

Vous qui, par goût ou par nécessité, avez un chien, observez-le ; n'oubliez pas que la rage est de toutes les saisons et de toutes les conditions ; que le chien du riche, qui vit dans l'abondance, y est tout aussi sujet que celui du pauvre, qui vit de privations ; ne perdez pas de vue que bien portant aujourd'hui, votre chien peut demain présenter les premiers symptômes de la rage. Tant qu'il mangera bien et aura sa gaieté, son entrain habituels, rien à craindre. Si vous voyez au contraire qu'il cesse de manger et devient triste, enchaînez-le solidement ou enfermez-le, et que personne n'en approche plus qu'avec prudence, jusqu'à ce que la chose se décide ; ce ne sera jamais bien long. Au besoin — c'est le plus sage parti — faites appeler un vétérinaire : il vous dira ce qu'il en est.

Les uns ou les autres, vous trouvez-vous, dans la rue, en face d'un chien présentant les symptômes — si faciles à reconnaître — de la rage déclarée ? Garez-vous-en ; adossez-vous dans l'encoignure d'une haie, d'un mur, ou dans l'embrasure d'une porte, et tenez-vous coi : rarement il vous attaquera. S'il vient à vous, défendez-vous des pieds, du bâton ou du parapluie, mais garez surtout vos mains et votre visage : les morsures faites à travers les vêtements sont infiniment moins à craindre que les autres, parce que, en les traversant, les dents s'essuyent du virus dont elles sont imprégnées. Il ne suffit pas, en effet, d'être mordu par un chien enragé pour devoir infailliblement contracter la rage. Indépendamment de la morsure, c'est-à-dire du fait de la pénétration de la dent à travers la peau, il faut que de la salive virulente soit déposée dans la plaie, que le virus soit absorbé, c'est-à-dire passe dans le sang, et qu'ayant pénétré dans l'organisme, il y trouve un terrain propice. C'est ce qui fait qu'un quart à peine des individus mordus, quelle qu'en soit l'espèce, deviennent enragés. C'est encore trop, bien trop, hélas !

Qu'y a-t-il à faire en pareil cas? Jeter immédiatement un lien circulaire au-delà de la morsure et le serrer énergiquement : à la base du doigt, si l'on est mordu au bout du doigt ; autour du poignet, si c'est la main qui a été atteinte ; à la cheville, si c'est le pied ; au-dessous du genou, si c'est le mollet, etc. : au visage, la chose est moins commode. Une ficelle, un bout de corde, un mouchoir tordu peut remplir l'indication ; l'essentiel est de serrer assez fortement pour arrêter la circulation. Vous comprenez l'effet : pas de circulation, pas d'absorption ; le virus reste stagnant dans la plaie où il s'est trouvé déposé, et on a tout le temps de l'en éliminer ou de le détruire sur place. Cette première précaution prise, il faut se transporter en toute hâte à la source la plus proche, laver la plaie à grande eau, en pressant sur ses bords pour la faire saigner ; faire couler dessus le jet d'un robinet si c'est possible ; puis y faire pénétrer de l'alcool, du vinaigre, de l'ammoniaque liquide, de l'acide phénique en solution, un caustique quelconque enfin, le plus énergique possible, en attendant qu'on fasse rougir au feu la tige de fer qui devra servir à la cautériser, néergiquement, profondément, bien à fond : mieux vaut, en pareil cas, dépasser la mesure que de rester en deçà. Et malgré ces premiers soins, vous ne devrez enlever le lien circulaire que lorsque votre médecin aura lui-même complété l'opération et fait le pansement nécessaire.

Mais ces recommandations, je veux le croire, sont appelées à devenir superflues dans un temps très rapproché, grâce à vous, mes jeunes amis. Maintenant que vous voilà à même de reconnaître, non seulement la rage confirmée, mais ses symptômes précurseurs, vous saurez, le cas échéant, la *voir venir;* et vous aurez à cœur de prendre toutes les précautions nécessaires pour sauvegarder non seulement votre vie, mais celle de vos proches et de vos semblables : il ne tient qu'à vous que dans quelques années, la rage — dans l'espèce humaine du moins — n'existe plus qu'à l'état de légende.

VERSAILLES. — IMP. CERF ET FILS, 59, RUE DUPLESSIS.